愉快學寫字 ⑤

筆畫練習：點、橫、豎、折、撇、捺

新雅文化事業有限公司
www.sunya.com.hk

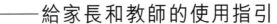

《愉快學寫字》叢書是專為**訓練幼兒的書寫能力、培養其良好的語文基礎**而編寫的語文學習教材套，由幼兒語文教育專家精心設計，參考香港及內地學前語文教育指引而編寫。

叢書共 12 冊，內容由淺入深，分三階段進行：

	書名及學習內容	適用年齡	學習目標
第一階段	《愉快學寫字》1-4 （寫前練習 4 冊）	3 歲至 4 歲	- 訓練手眼協調及小肌肉。 - 筆畫線條的基礎訓練。
第二階段	《愉快學寫字》5-8 （**筆畫練習** 2 冊） （寫字練習 2 冊）	4 歲至 5 歲	- 學習漢字的基本筆畫。 - 掌握漢字的筆順和結構。
第三階段	《愉快學寫字》9-12 （寫字和識字 4 冊）	5 歲至 7 歲	- 認識部首和偏旁，幫助查字典。 - 寫字和識字結合，鞏固語文基礎。

幼兒通過這 12 冊的系統訓練，**已學會漢字的基本筆畫、筆順、偏旁、部首、結構和漢字的演變規律**，為快速識字、寫字、默寫、學查字典打下良好的語文基礎。

叢書的內容編排既全面系統，又循序漸進，所設置的練習模式富有童趣，能令幼兒「愉快學寫字，從此愛寫字」。

第 5 至 6 冊「筆畫練習」內容簡介：

《筆畫練習》全面介紹中國文字的基本筆畫——點、橫、豎、撇、捺等，以及其書寫的正確方法，透過形象、活潑、有趣的插圖，吸引孩子進行各種基本筆畫的練習。

書的**左頁**是極富童趣的**圖像練習**，書的**右頁**則是具體的**字形練習**，讓兒童左右對照，在遊戲式的練習中，初步**掌握文字筆畫的構成**。

每一冊的書末都設有複習項目，總結前面學習的內容，加深記憶。**完成這 2 冊練習**，孩子便可**進入書寫文字的階段**。

孩子書寫時要注意的事項：

1. 把筆放在孩子容易拿取的容器，桌面要有充足的書寫空間及擺放書寫工具的地方，保持桌面整潔，培養良好的書寫習慣。

2. 光線要充足，並留意光線的方向會否在紙上造成陰影。例如：若小朋友用右手執筆，枱燈便應該放在桌子的左邊。

3. 坐姿要正確，眼睛與桌面要保持適當的距離，以免造成駝背或近視。

4. 3-4 歲的孩子小肌肉未完全發展，**可使用粗蠟筆、筆桿較粗的鉛筆，或三角鉛筆。**

5. 不必急着要孩子「畫得好」、「寫得對」，重要的是讓孩子畫得開心和享受寫字活動的樂趣。

正確執筆的示範圖：

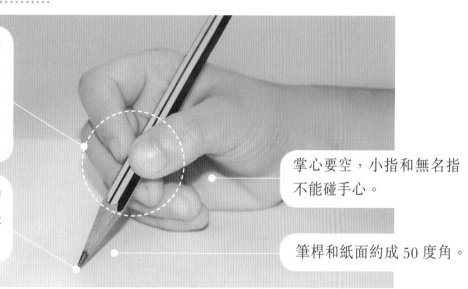

用拇指和食指執住筆桿前端，同時用中指托住筆桿，無名指和小指自然地彎曲靠在中指下方。

執筆的拇指和食指的指尖離筆尖約 3 厘米左右。

掌心要空，小指和無名指不能碰手心。

筆桿和紙面約成 50 度角。

正確寫字姿勢的示範圖：

眼睛與紙相距大約 30 厘米，胸部不要緊貼桌邊。

兩臂自然地張開，伸開左手的五隻手指按住紙，右手書寫。如果是用左手寫字的，則左右手功能相反。

寫字時，身體要坐正，兩肩齊平，兩腿自然地平放地面上。頭和上身稍向前傾，腰要伸直，胸部挺起。

目錄

點畫練習——**左斜點** ·············6

字形練習——**小** ················7

點畫練習——**右斜點** ···········8

字形練習——**小** ················9

點畫練習——**撇點** ·············10

字形練習——**羊** ···············11

橫畫練習——**長橫** ·············12

字形練習——**大** ···············13

橫畫練習——**短橫** ·············14

字形練習——**二** ···············15

豎畫練習——**長豎** ·············16

字形練習——**十** ···············17

豎畫練習——**短豎** ·············18

字形練習——**工** ···············19

折畫練習——**橫折** ·············20

字形練習——**口** ···············21

折畫練習——**豎折** ·············22

字形練習——**山** ···············23

撇畫練習——**長撇** ·············24

字形練習——**刀** ···············25

撇畫練習——**短撇** ·············26

字形練習——**牛** ···············27

撇畫練習——**平撇** ·············28

字形練習——**手** ···············29

撇畫練習——**直撇** ·············30

字形練習——**月** ···············31

捺畫練習——**斜捺** ·············32

字形練習——**人** ···············33

捺畫練習——**平捺** ·············34

字形練習——**送** ···············35

複習一 ·······················36

複習二 ·······················37

複習三 ·······················38

複習四 ·······················39

筆畫——漢字筆畫的基本形式是點和線，點和線構成漢字的不同形體。

漢字的主要筆畫有以下八種：

名稱	點	橫	豎	撇	捺	提（挑）	鈎	折
筆形	丶	一	丨	丿	㇏	㇀	亅	㇆

✎ 筆畫的寫法

漢字是由筆畫構成的，兒童學習寫字，首先要學會筆畫的寫法。

點	丶	從左上向右下，起筆時稍輕，收筆時慢一點，重一點。
橫	一	從左到右，用力一致，全面平直，略向上斜。
豎	丨	從上到下，用力一致，向下垂直。
撇	丿	從右上撇向左下，略斜，起筆稍重，收筆要輕。
捺	㇏	從左上到右下，起筆稍輕，以後漸漸加重，再輕輕提起。
提	㇀	從左下向右上，起筆稍重，提筆要輕而快。
鈎	亅	從上到下寫豎，作鈎時筆稍停頓一下，再向上鈎出，提筆要輕快。
折	㇆	從左到右再折向下，到折的地方稍微停頓一下，再折返向下。

✎ 筆畫與字形練習

點畫			橫畫		豎畫		折畫		撇畫				捺畫	
左斜	右斜	撇點	長橫	短橫	長豎	短豎	橫折	豎折	長撇	短撇	平撇	直撇	斜捺	平捺
丶	丶	㇔	一	一	丨	丨	㇆	㇄	丿	丿	丿	丨	㇏	㇏
小	小	羊	大	二	十	工	口	山	刀	牛	手	月	人	送

用手指沿着箭咀方向走。

我會寫

用筆沿着虛線寫出來。

 完成練習後可把圖畫填上顏色。

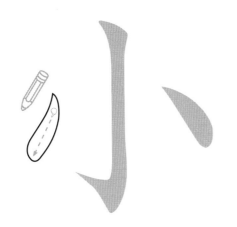

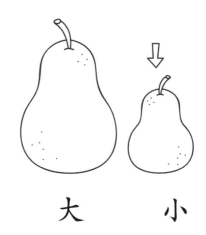

大　　　小

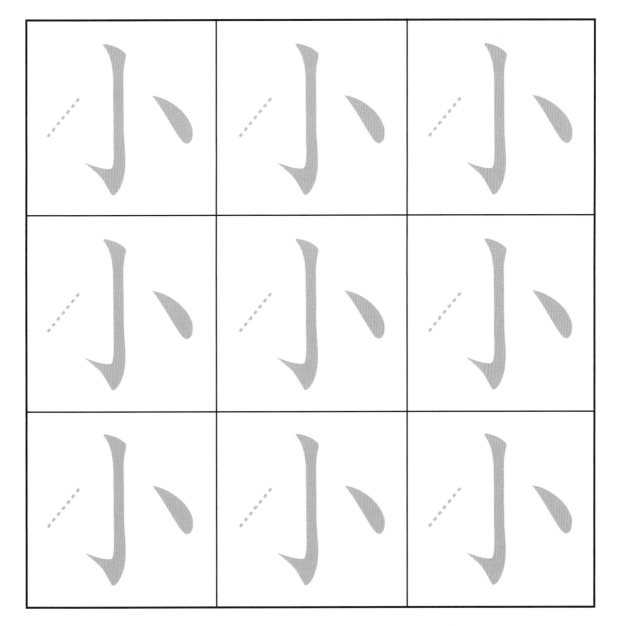

用手指沿着箭咀方向走。

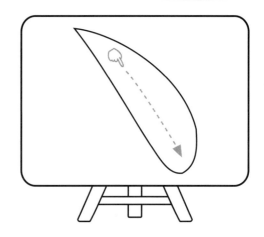

我會寫

用筆沿着虛線寫出來。

完成練習後可把圖畫填上顏色。

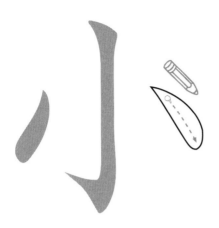

大　　小

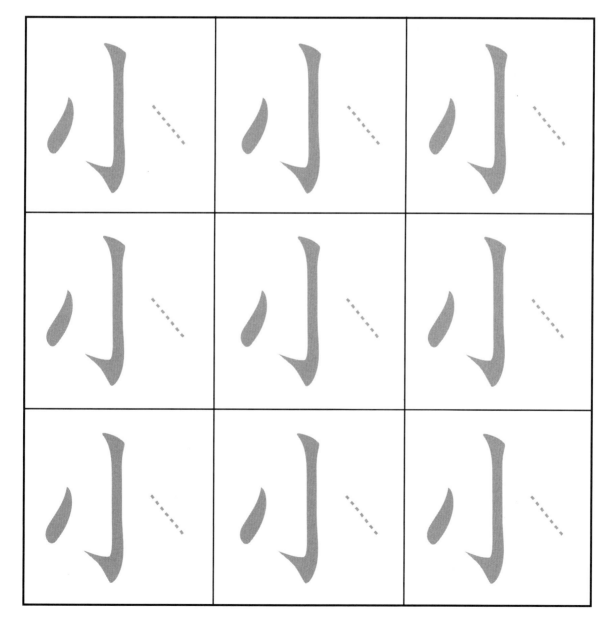

用手指沿着箭咀方向走。

 用筆沿着虛線寫出來。

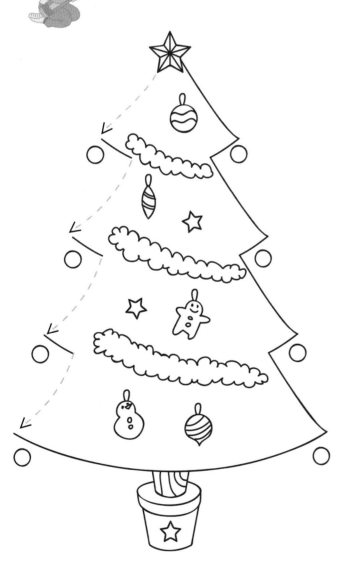

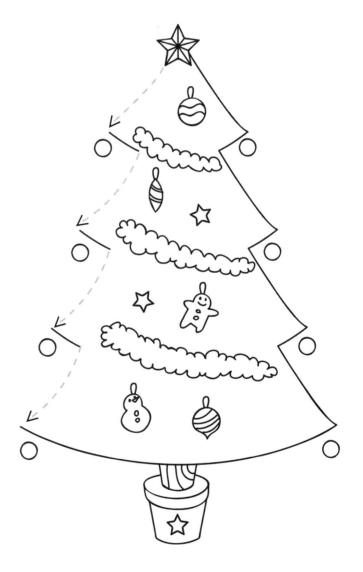

 完成練習後可把圖畫填上顏色。

用手指沿着箭咀方向走。

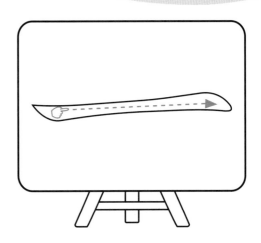

我會寫

用筆沿着虛線寫出來。

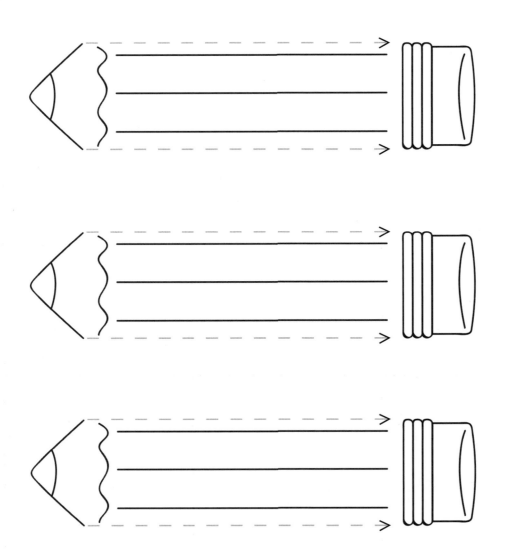

 完成練習後可把圖畫填上顏色。

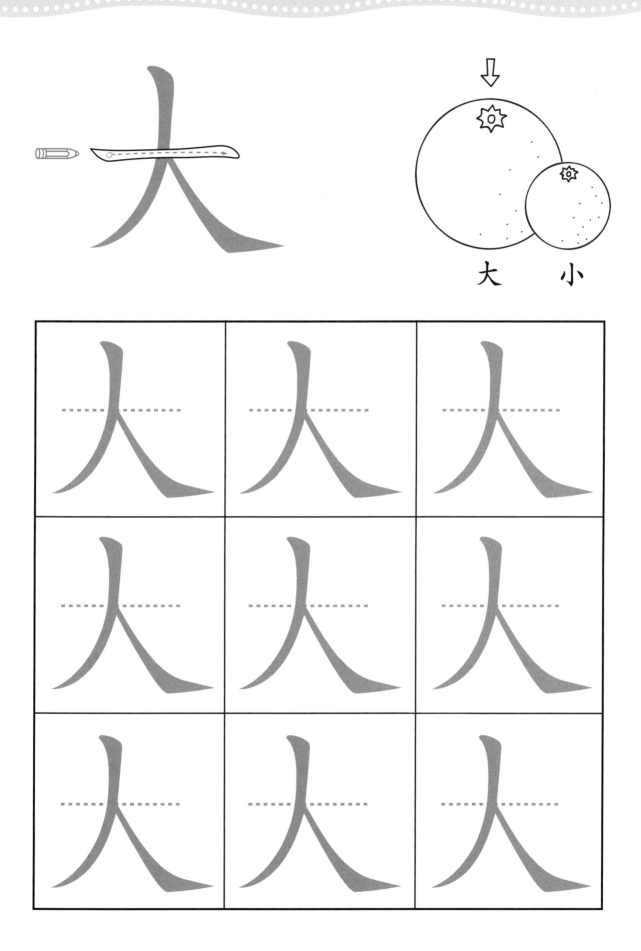

大　小

用手指沿着箭咀方向走。

我會寫

用筆沿着虛線寫出來。

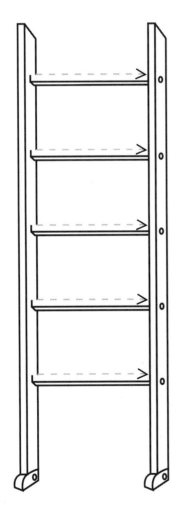

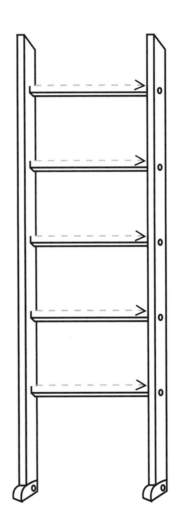

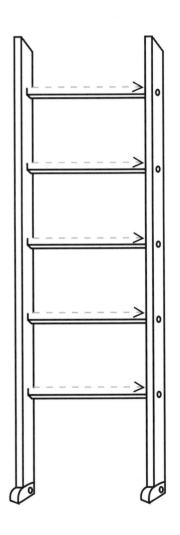

完成練習後可把圖畫填上顏色。

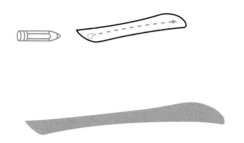

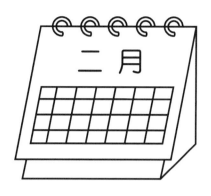

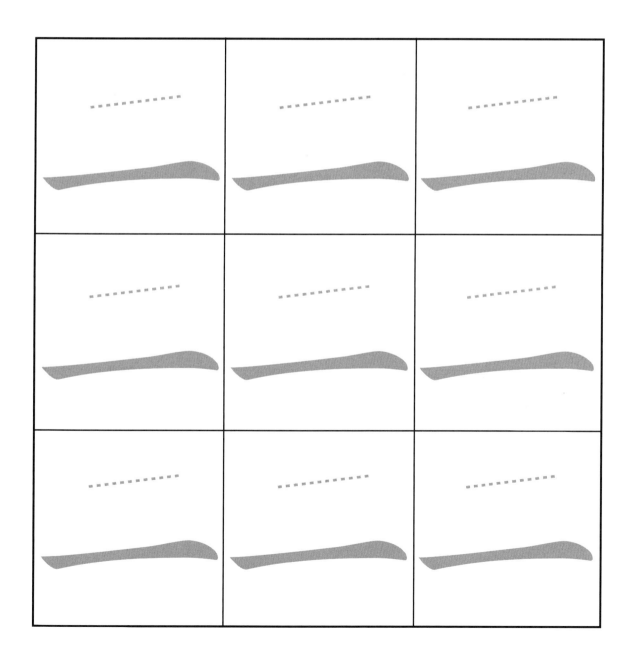

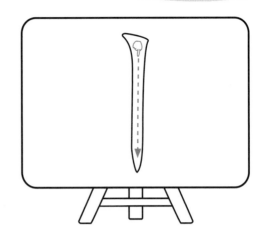

 用手指沿着箭咀方向走。

我會寫

用筆沿着虛線寫出來。

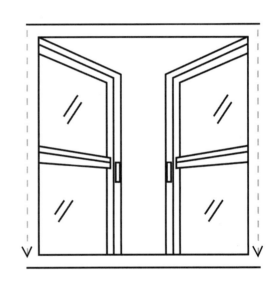

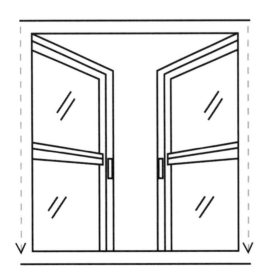

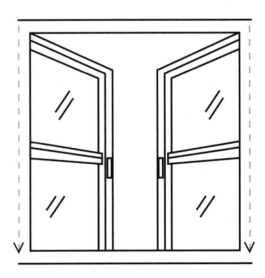

豎畫練習——長豎

 完成練習後可把圖畫填上顏色。

10

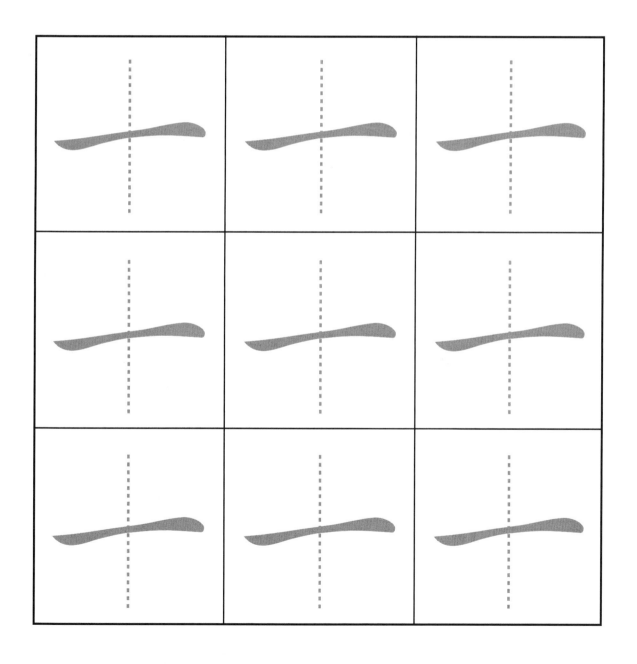

豎畫練習——短豎

 用手指沿着箭咀方向走。

我會寫

用筆沿着虛線寫出來。

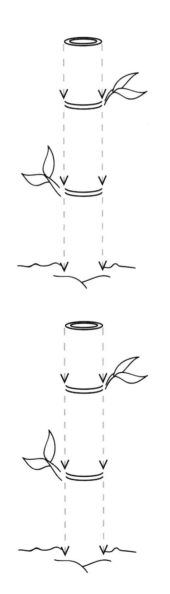

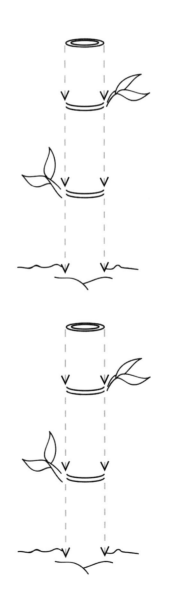

 完成練習後可把圖畫填上顏色。

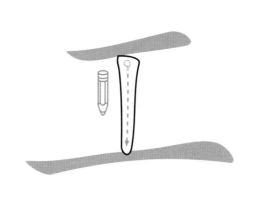

工人

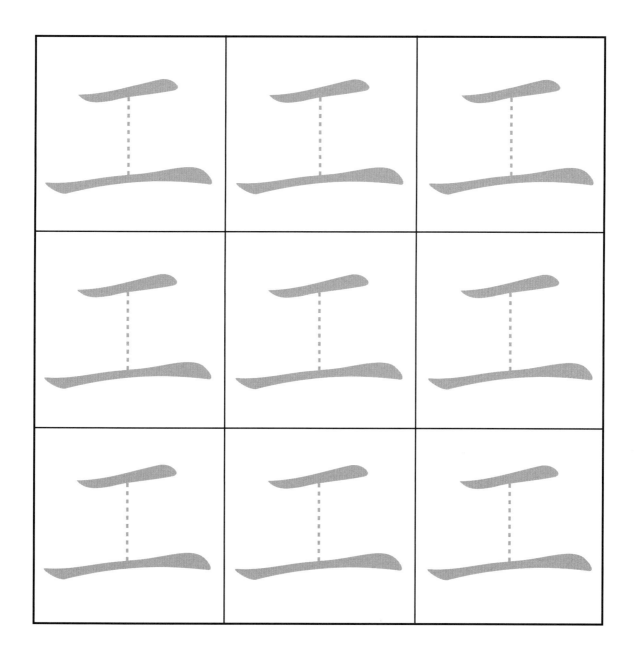

 用手指沿着箭咀方向走。

我會寫

用筆沿着虛線寫出來。

 完成練習後可把圖畫填上顏色。

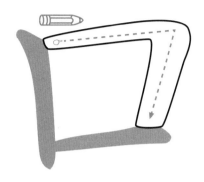

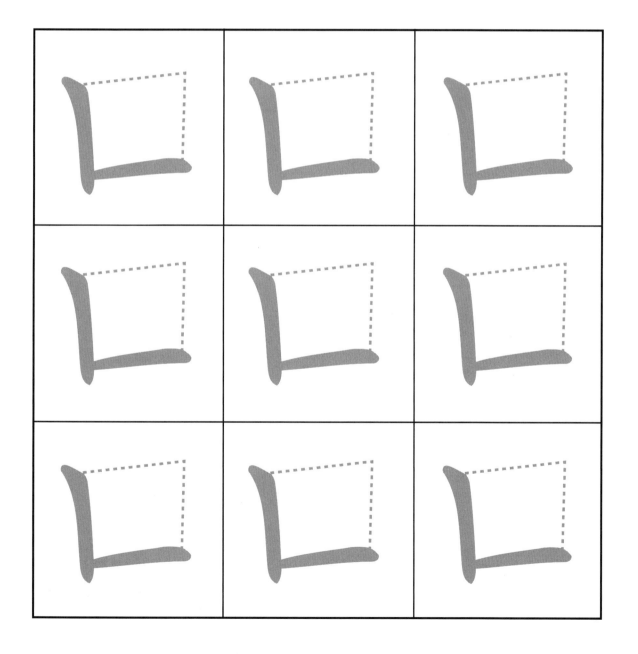

 用手指沿着箭咀方向走。

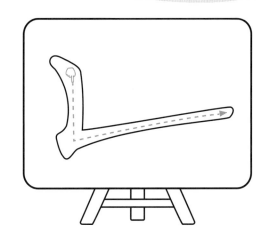

我會寫

用筆沿着虛線寫出來。

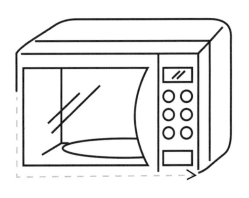
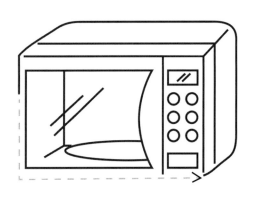

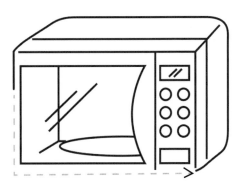
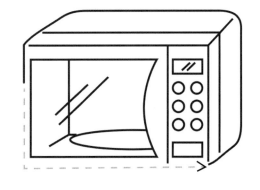

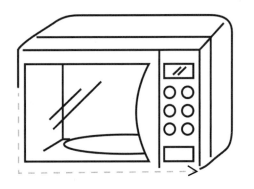
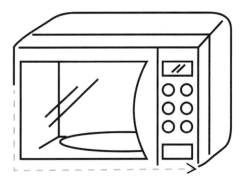

完成練習後可把圖畫填上顏色。

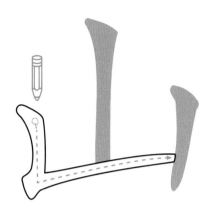

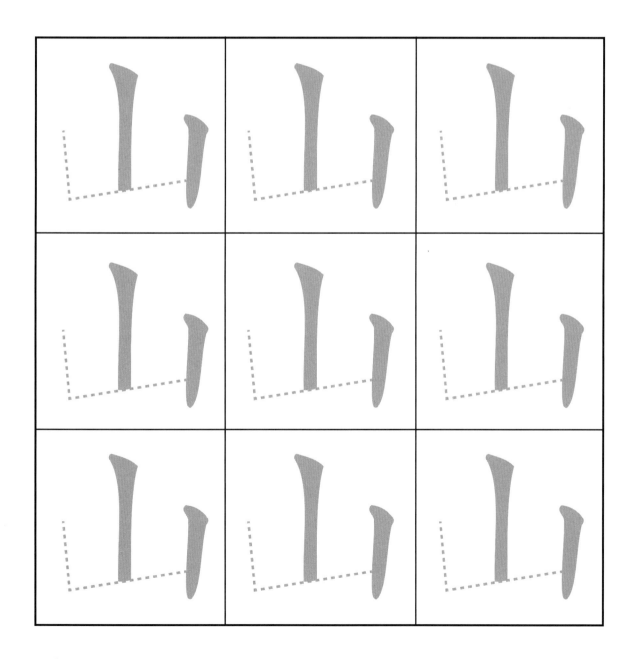

撇畫練習——長撇

 用手指沿着箭咀方向走。

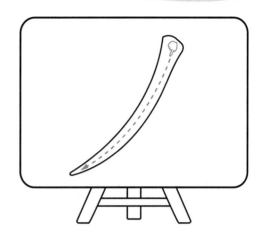

我會寫

用筆沿着虛線寫出來。

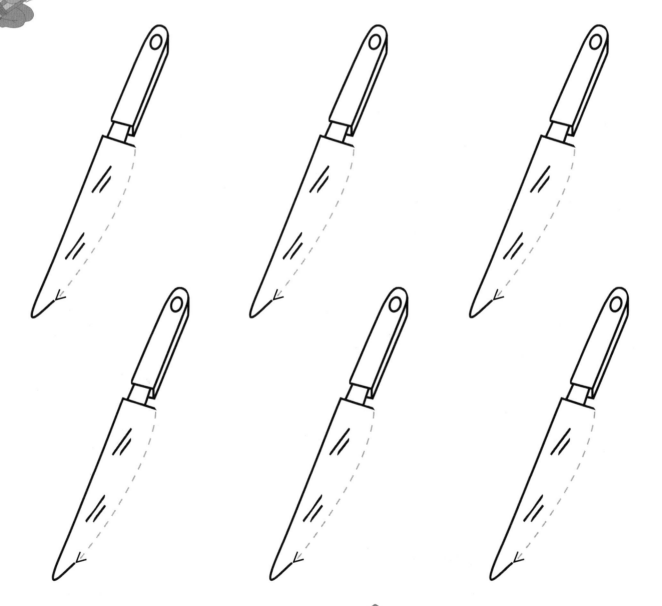

完成練習後可把圖畫填上顏色。

刀　ㄌ

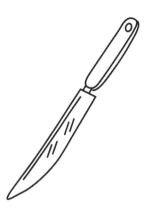

刀刀刀
刀刀刀
刀刀刀

用手指沿着箭咀方向走。

我會寫

用筆沿着虛線寫出來。

完成練習後可把圖畫填上顏色。

撇畫練習——平撇

 用手指沿着箭咀方向走。

我會寫

用筆沿着虛線寫出來。

完成練習後可把圖畫填上顏色。

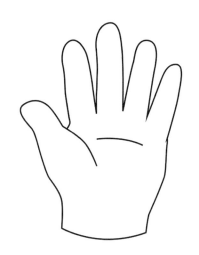

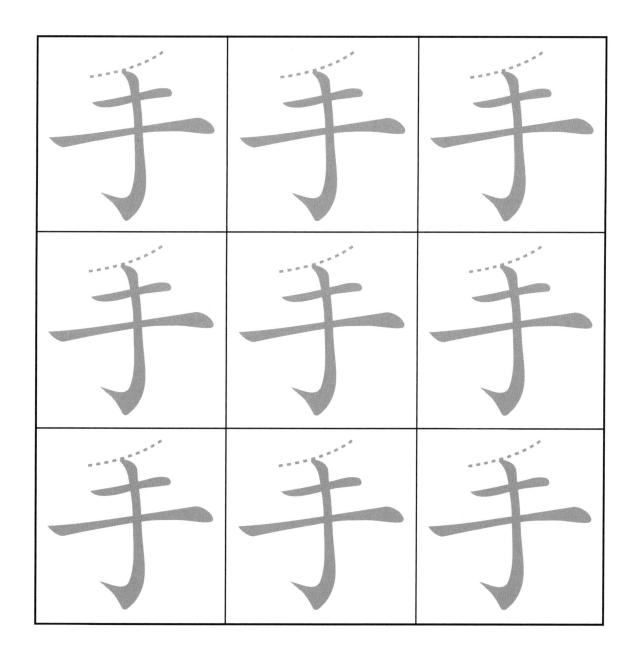

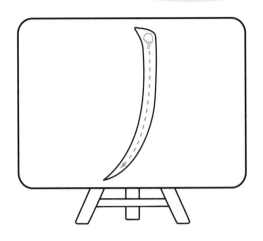

 用手指沿着箭咀方向走。

我會寫

用筆沿着虛線寫出來。

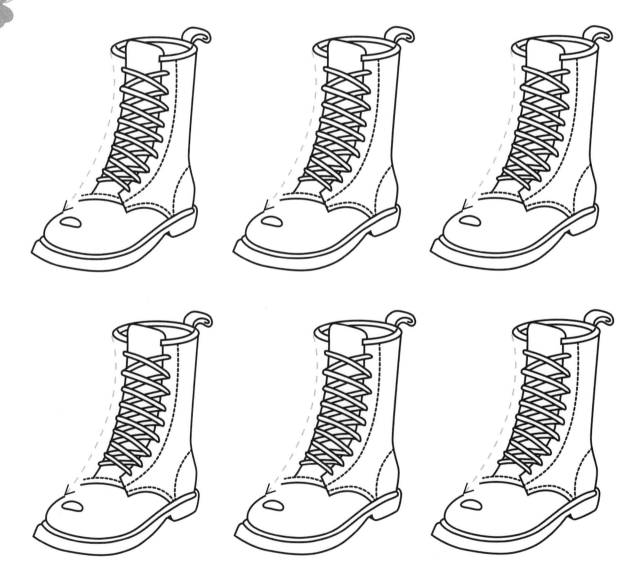

完成練習後可把圖畫填上顏色。

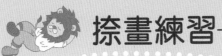
 用手指沿着箭咀方向走。

我會寫

用筆沿着虛線寫出來。

 完成練習後可把圖畫填上顏色。

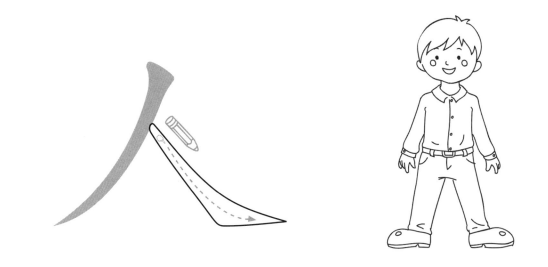

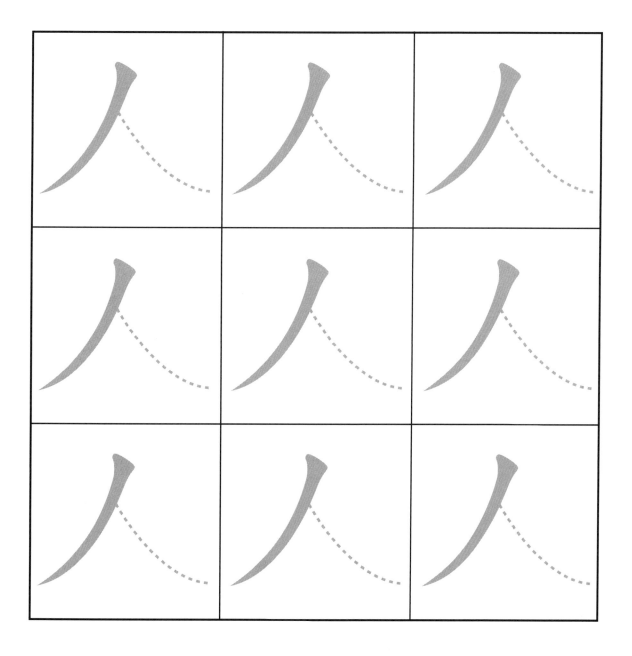

 用手指沿着箭咀方向走。

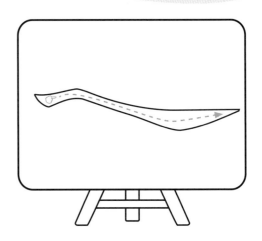

 我會寫

用筆沿着虛線寫出來。

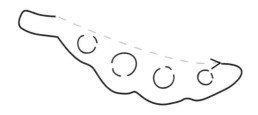

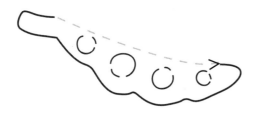

完成練習後可把圖畫填上顏色。

沿着虛線寫出來。

沿着虛線寫出來。

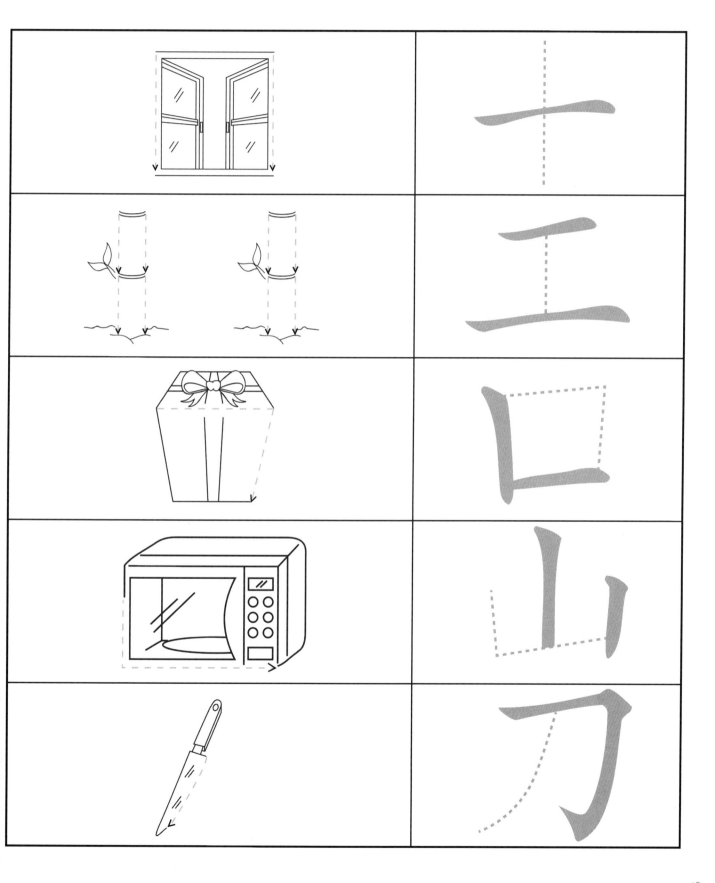

複習三

沿着虛線寫出來。

沿着虛線寫出來。

心 （左斜點）	永 （右斜點）	火 （撇點）	丁 （長橫）
二 （短橫）	中 （長豎）	三 （短豎）	田 （橫折）
出 （豎折）	力 （長撇）	生 （短撇）	千 （平撇）
用 （直撇）	天 （斜捺）	之 （平捺）	近 （平捺）

• 升級版 •

愉快學寫字 ⑤
筆畫練習：點、橫、豎、折、撇、捺

策　　劃：嚴吳嬋霞
編　　寫：方楚卿
增　　訂：甄艷慈
繪　　圖：何宙樺
責任編輯：甄艷慈、周詩韵
美術設計：何宙樺
出　　版：新雅文化事業有限公司
　　　　　香港英皇道 499 號北角工業大廈 18 樓
　　　　　電話：(852) 2138 7998
　　　　　傳真：(852) 2597 4003
　　　　　網址：http://www.sunya.com.hk
　　　　　電郵：marketing@sunya.com.hk
發　　行：香港聯合書刊物流有限公司
　　　　　香港荃灣德士古道 220-248 號荃灣工業中心 16 樓
　　　　　電話：(852) 2150 2100
　　　　　傳真：(852) 2407 3062
　　　　　電郵：info@suplogistics.com.hk
印　　刷：中華商務彩色印刷有限公司
　　　　　香港新界大埔汀麗路 36 號
版　　次：二〇一五年六月初版
　　　　　二〇二四年八月第十二次印刷
版權所有 · 不准翻印

ISBN: 978-962-08-6296-0
© 2001, 2015 Sun Ya Publications (HK) Ltd.
18/F, North Point Industrial Building, 499 King's Road, Hong Kong
Published in Hong Kong SAR, China
Printed in China